瀬戸内圏の
干潟生物ハンドブック

香川大学瀬戸内圏研究センター
庵治マリンステーション　編

恒星社厚生閣

ハンドブックに掲載されている生き物

微小生物
底生微細藻類 11
植物プランクトン 11
動物プランクトン 12
幼生類 12

海藻・海草
アオサ 13
アマモ 13

ゴカイ類
ミズヒキゴカイ 17
タマシキゴカイ 17

ホシムシ
スジホシムシモドキ 18

巻貝
ウミニナ 19
ホソウミニナ 19
フトヘナタリ 21
ヘナタリ 22
イボキサゴ 22
ツメタガイ 23
アラムシロ 24
アカニシ 24

二枚貝
ホトトギスガイ 25
クチバガイ 25
オチバガイ 26
マテガイ 26
アカマテガイ 27
カガミガイ 27
アサリ 28
ピンノ（カクレガニ科）.... 28
シオフキ 28
オニアサリ 29
バカガイ 29
ハマグリ 30
オキシジミ 30
アケガイ 31
サルボウガイ 31
ヒメシラトリ 32
サビシラトリ 32
オオノガイ 33
タイラギ 33

アメフラシ
フレリトゲアメフラシ 34

甲殻類（エビ類）
モズミヨコエビ 35

クルマエビ 36
エビジャコ 36
テッポウエビ 37
ニホンスナモグリ 37
アナジャコ 38

甲殻類（ヤドカリ類）
ユビナガホンヤドカリ ... 38

甲殻類（カニ類）
ガザミ 39
スナガニ 39
マメコブシガニ 42
キンセンガニ 42
シオマネキ 43
ハクセンシオマネキ 44
コメツキガニ 45
チゴガニ 45
ヤマトオサガニ 46
オサガニ 47
モクズガニ 48
ケフサイソガニ 48
ハマガニ 49
イソガニ 49
アシハラガニ 50
クシテガニ 50

マークの意味

 微小生物
 海藻・海草
 ゴカイ類・ホシムシ
 巻貝
 二枚貝
 アメフラシ
 甲殻類（エビ類）
 甲殻類（ヤドカリ類）
 甲殻類（カニ類）
 磯の生物
 魚類
鳥類
海浜植物

アカテガニ 51
クロベンケイガニ 51

磯の生物
タマキビ 55
アラレタマキビ 55
イシダタミ 56
スガイ 56
イボニシ 57
マツバガイ 57
ヒザラガイ 58
カメノテ 58
シロスジフジツボ 59
クロフジツボ 59

魚類
トビハゼ 61
マハゼ 61
マコガレイ 62
マゴチ 62
クロダイ 63
スズキ 63
ボラ 64
クサフグ 64

鳥類
コサギ 65
ダイサギ 65
アオサギ 66
カワウ 66
ヒドリガモ 67
オナガガモ 67
マガモ 68
カルガモ 68
ユリカモメ 69
ズグロカモメ 69
セグロカモメ 70
シロチドリ 70
ハマシギ 71
チュウシャクシギ 71
ミサゴ 72
トビ 72

海浜植物
コウボウムギ 75
コウボウシバ 75
ハマアオスゲ 76
オニシバ 76
ハマボウフウ 77
ハマヒルガオ 77
ハマダイコン 78
ハマエンドウ 78
ハマニガナ 79
カワラヨモギ 79
ツルナ 80
オカヒジキ 80
ハマゴウ 81
スナビキソウ 81
ハマナデシコ 82
マンテマ 82
コマツヨイグサ 83
アツバスミレ 83

まえがき

　私たちが調査のために干潟に出てみるとたくさんの生物たちに出会います。でも、私たちは生物学者でも分類学者でもありません。「よく見かけるけれども、これは何という生物だろうか？」「地元で簡単に観察できる生物くらい名前は知っておきたい」いつも、そう思っていました。また、私たちは、小中学生やその保護者の方、あるいは中学・高校の理科の先生方を対象に公開講座を行っています。とくに子どもたちと干潟に出たときには、無心に生物を追いかける彼らの姿に感動すら覚えます。しかし、「この生物の名前は？」と質問されても、答えられないことが多々あります。そんな時はいつも、「一緒に図鑑を見てみましょう」と答えるのですが、図書館や書店で探してきた図鑑は、やたらぶ厚かったり、私たちにとってはあまり見かけない生物がたくさん載っていたり、逆に、この辺りでよく見かける生物が載っていなかったりと、なかなか適当なものがありません。子どもたちが「これだ！」と見つけた図鑑の解説を読むと、「九州以南に分布」などと書いてあったりして、彼らのがっかりした顔を見たこともありました。そのたびに、「我々の住んでいる瀬戸内周辺で目にする生物を中心にした図鑑が欲しい」と痛感し、このハンドブックの作成を思い立ちました。その時から、干潟へ調査に出かける時にはいつもデジタルカメラを携帯し、生物の写真を撮りつづけました。そんな写真を編集して本書はできあがりました。

　まず、近くの干潟に住んでいる生物たちの名前を調べてみませんか。そうすれば、もっと彼らの生き様に興味がもてるでしょうし、彼らの生きている環境にも関心がわいてくるはずです。本書を手にした一人でも多くの方が、干潟の生物と、干潟という特殊な環境に興味をもってくだされば幸いです。

香川大学 瀬戸内圏研究センター
庵治マリンステーション施設長
多田邦尚

干潟ってどんなところ？

　海では月と太陽の引力によって潮位差が生じ、1日（正確には24時間50分）に2回の干満周期をくり返しています。干潟は陸から海に向かって非常になだらかな傾斜がつづき、干満周期によって現れたり消えたりする特殊な環境で、このような場所を「潮間帯」と呼びます。この海でもあり陸でもある干潟に生息する生物。彼らもまた特殊な生き物です。

満潮時

干潮時

香川県高松市　新川・春日川河口干潟

干潟はその形成条件によっていくつかのタイプに分けられます。「前浜干潟」は遠浅の海や河口から沖合にかけて形成される広大な砂質の干潟です。「河口干潟」は文字通り河川の河口部に形成され、その底質は河川から流入してくる砂泥や有機物質など、堆積物の質に大きく左右されます。また、「潟湖干潟」は河口部や海岸から入り込んだ潟に形成されます。この他にも沖合に形成された「洲」などがあります。一般的に、干出幅が100m以上、干出面積が1 ha 以上の場を「干潟」と呼びますが、規模は小さくても干満周期により干出・冠水する場も「小さな干潟」と考えてよいでしょう。

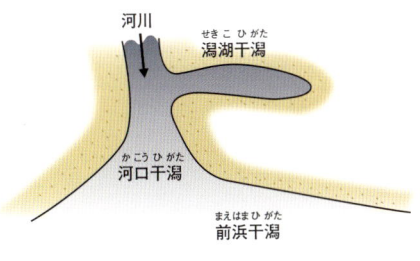

瀬戸内圏の各府県に存在する1 ha 以上の規模をもつ干潟の総面積
(単位はha:環境庁、1994)

	前浜干潟	河口干潟	その他	備考
和歌山県	32		55	大きな干潟は和歌川河口域のみ
大阪府		2		現存する干潟は男里川河口域のみ
兵庫県	58	11		甲子園浜が有名であるが、現存するのは県西部に多い
岡山県	473	93		吉井川と高梁川の河口域、カブトガニで有名な笠岡湾など
広島県	747	277		小・中規模の干潟がいたるところに点在している
山口県	2,338 (両干潟の合計)			河口干潟が多い周防灘西部に全体の70%が存在する
福岡県	1,854			周防灘に面する県北東部に広大な干潟がたくさんある
大分県	4,040 (両干潟の合計)		6	北東部の豊前海にとりわけ広大な干潟がある
愛媛県	95	611		河口干潟としては非常に広大な加茂川河口域がある
香川県	626	271	80	前浜干潟と河口干潟が県中央部から西部に点在する
徳島県	19	105		有名な吉野川の河口域で全体の50%以上を占める

瀬戸内海に現存する主要な干潟
（色付けは干出面積が 50 ha 以上の広大な干潟）

- 前浜干潟
- 河口干潟
- 広大な洲

1. 有田川河口
2. 西広海岸口
3. 和歌川河口
4. 男里川河口
5. 淀川下流
6. 甲子園浜
7. 吉井川河口
8. 高梁川河口
9. 笠岡湾
10. 宮島
11. 佐波川河口
12. 山口湾
13. 曽根干潟
14. 中津干潟
15. 臼杵川河口
16. 重信川河口
17. 加茂川河口
18. 関川河口
19. 有明浜
20. 園の洲
21. 土器川河口
22. 新川・春日川河口
23. 吉野川河口
24. 勝浦川河口
25. 那賀川河口

8

ハンドブックで使用する用語（成体のおおよそのサイズ）

二枚貝の場合
殻頂
肋
殻長
殻高

巻貝の場合
殻高
殻幅

甲長
甲幅

体長

全長

全長

※鳥を仰向けに寝かしたくちばしの先端から尾の先端まで

干潟の命のつながりを支える
植物と微生物

　干潟生態系も、生産者から消費者へとつづく食物連鎖（P.84）で成り立っています。その食物連鎖は、太陽の光エネルギーを化学エネルギーに変換する光合成生物、すなわち植物から始まります。
　干潟の植物といえば、みなさんは海藻を思いうかべるかもしれませんが、じつは干潟の泥や砂の上には目に見えない小さな植物（微細藻類）が数え切れないくらい生息しています。これよりもう少し大きな動物もいっぱい。大きな海藻（草）だけでなく、このような小さな生き物が、貝やカニ、魚や鳥の命を支えています。

底生微細藻類

学名：1 ニッチア（*Nitzschia* sp.） 2 アンフォーラ（*Amphora* sp.）
3 ナビキュラ（*Navicula* sp.） 4 アクナンテス（*Achnanthes* sp.）
大きさ：数マイクロメートル〜数100マイクロメートル
＊1マイクロメートルは1mmの1000分の1です。

干潟の表面にはこのような底生微細藻類と呼ばれる植物が無数に生息しています。これらはすべて顕微鏡で見なければ確認できない非常に小さな植物で、食物連鎖の出発点になっています。

＊写真はすべて珪藻です。

植物プランクトン

学名：1 ビドゥルフィア（*Biddulphia* sp.） 2 コシノディスクス（*Coscinodiscus* sp.）
3 タラシオネマ（*Thalassionema* sp.） 4 キートケロス（*Chaetoceros* sp.）
大きさ：数マイクロメートル〜数100マイクロメートル

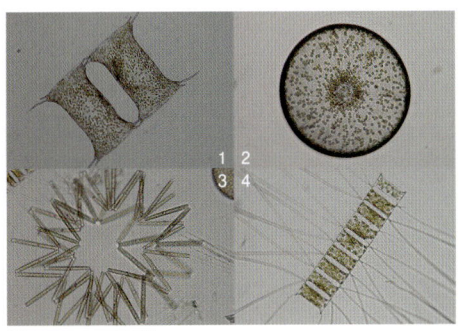

海水中には植物プランクトンがたくさん生息していますが、満潮になると干潟にもこのような植物プランクトンが海水と一緒に入ってきます。

＊写真はすべて珪藻です。

動物プランクトン

学名：1 カラヌス（*Calanus* sp.） 2 ミクロセテラ（*Microsetella* sp.）
3 エボシミジンコ（*Evadne* sp.） 4 オイトナ（*Oithona* sp.）
大きさ：数 100 マイクロメートル〜1 mm 程度

動物プランクトンの中で最も普通に見られる種類がここに挙げたカイアシ類（1, 2, 4）と枝角類（3）です。干潟では小魚の大切なエサになっていると考えられています。

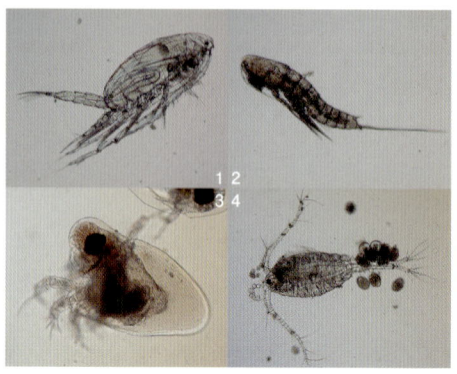

幼生類

1 二枚貝の幼生　2 カニの幼生　3 フジツボの幼生　4 ゴカイの幼生
大きさ：数 100 マイクロメートル〜数 mm

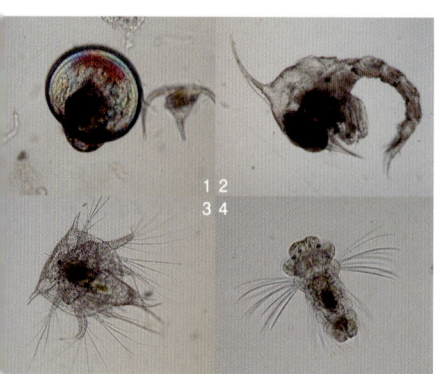

底生生物の中には幼生期だけは動物プランクトンの姿で水中を漂って過ごすものがたくさんいます。親の姿からは想像できない形をした種類もいます。

アオサ 石蓴

学名：*Ulva* sp.
繁茂期：3〜11月

春から夏にかけて繁茂する大型の海藻です。近年、汚れた干潟で大量繁茂するようになり、秋の枯死期には、腐敗による悪臭や底生生物のへい死を招くことから問題となっています。食用のアオサノリ（アーサー）は、標準和名をヒトエグサといい、別の種類です。

海藻・海草

アマモ 甘藻

学名：*Zostera marina*
繁茂期：3〜8月

＊干潟のように潮の干満によって干出する場を潮間帯と呼び、干出しない浅い海を潮下帯と呼びます。

内湾の潮間帯〜潮下帯＊に生息する海草で、干潟では最も潮が干く大潮の干潮時に見ることができます。小魚にとってアマモ場は、エサになる小動物が多いだけでなく、大型の魚から捕食をまぬがれる避難場所にもなっていることから、「海のゆりかご」と呼ばれています。地下茎を噛んでみると甘みがあり、甘藻（アマモ）であることがよくわかります。

海草と海藻

海草（うみくさとも呼ぶ）

陸上から海に戻った種子植物で、花が咲き、実もつけます。アマモの仲間はイネ科植物とよく似た草本で、陸上植物の根にあたる地下茎をもっています。

アマモの地下茎

雄花の開花

種子

海藻

「種子」ではなく「胞子」で増える大型の藻類を指します。よく知られているのは緑藻のアオサ、紅藻のノリ、褐藻のコンブ・ワカメなど。

海藻は仮根で岩礁や転石にくっついて生息していますが、これは根の形をしているだけで、陸上植物の「根」ではありません。海藻は葉状部（これもいわゆる「葉」ではありません）全体で海水中の養分を吸収しています。

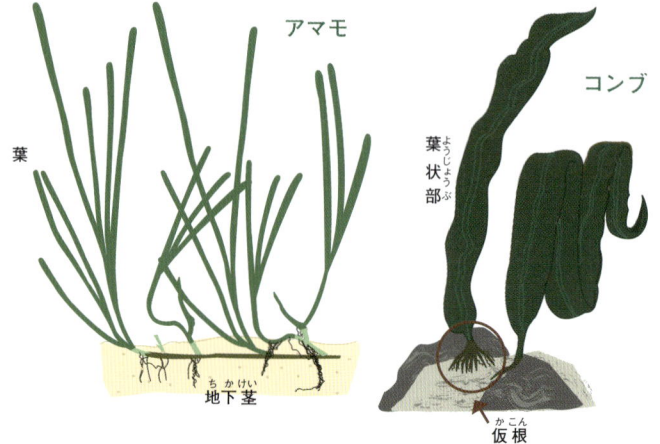

バラエティーに富む
底生生物たち

　干潟は、海と陸の環境をあわせもった特殊な場所で、水が満ちたり干いたり、また一日の中でも水温や塩分がめまぐるしく変化します。干潟の上部（陸の近く）は乾燥が厳しく、逆に下部（海の近く）は魚に襲われやすい場所です。このような厳しい環境に耐えられる種だけが生息でき（適応という）、干潟周辺だけにしかいない珍しい生き物が見られるのもこのためです。干潟はせまい範囲で環境の変化が大きいため、それぞれの環境に応じた様々な生物が観察できます。

ゴカイの仲間 沙蚕

釣りのエサとして有名なゴカイですが、干潟では泥の中の有機物やバクテリアなどを食べており、干潟の浄化作用に大きく貢献しています。ゴカイと一口に言っても、姿・形がよく似た非常にたくさんの種類があります。ゴカイが一般的に赤い色をしているのは、酸素を運ぶ赤い色素をもったヘモグロビンがたくさんあるため（人間の血と同じです）、泥の中という酸素が少ない環境で生活するための適応です。

ゴカイ類

ミズヒキゴカイの仲間 水引沙蚕

学名：*Cirriformia* sp.
体長：10cm以下

体の外に糸状の鰓をたくさん出しているのが特徴で、かなり汚れた環境でも生息することができます。掘り出した時には、体をバネのようにくるくる丸め、泥を抱えた状態で見つかります。

タマシキゴカイ 玉敷沙蚕

学名：*Arenicola brasiliensis*
体長：30 cm 以下

砂泥質の干潟に生息しています。U字管の巣穴を掘り、一方の巣穴の上には写真のような糞塊ができるため、居場所が一目でわかります。

糞塊

卵塊

また夏期にこのような場所で、透明で風船状のものを見つけたら、おそらくタマシキゴカイの卵塊です。

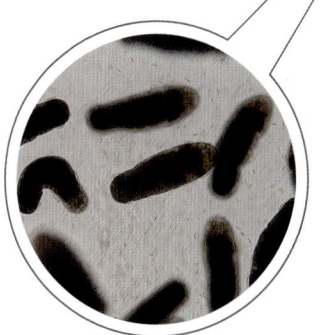

卵塊の中を覗いてみると…卵からかえった幼生がうじゃうじゃ。
まわりに見える小さな線状の生物は底生珪藻(P.11)で、幼生のエサになったり、光合成によって卵塊の中に酸素を供給していると考えられています。

ゴカイ類

瀬戸内圏の干潟生物ハンドブック　17

スジホシムシモドキ 筋星虫擬き

学名：*Siphonosoma cumanense*
体長：40 cm 以下

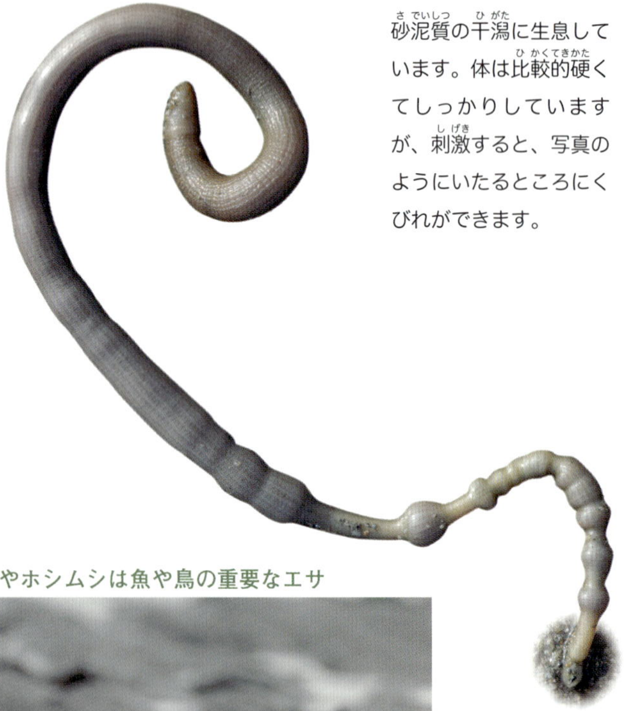

ホシムシ

砂泥質の干潟に生息しています。体は比較的硬くてしっかりしていますが、刺激すると、写真のようにいたるところにくびれができます。

ゴカイやホシムシは魚や鳥の重要なエサ

ゴカイを探し出して食べるハマシギ（P.71）

ウミニナ 海蜷

学名：*Batillaria multiformis*
殻高：4 cm

干潟に生息する代表的な巻貝で、砂や泥の上に集団で観察されることがあります。潮が干くと干潟上を這い回り、微細藻類（P.11）などを食べています。ホソウミニナよりも上部で観察される傾向があり、最近生息数が減少しています。

ホソウミニナ 細海蜷

学名：*Batillaria cumingi*
殻高：3.5 cm

日本の干潟で最もたくさん見つかる巻貝です。転石や海藻の周辺には1m² 当たり1,000個以上の集団で観察されることもあります。
多くの干潟生物が減少しているなかで、唯一元気な生物ですが、アメリカ西海岸に侵入し、現地の生態系を混乱させる外来種として問題になっています。

ウミニナとホソウミニナ

見分け方

前ページで紹介したウミニナとホソウミニナは混在して生息することが多く、一見したところでは区別がつきません。以下が識別点ですが、なかにはこの中間型もいて、区別がとてもむずかしい個体もいます。

ウミニナは滑層瘤が発達している

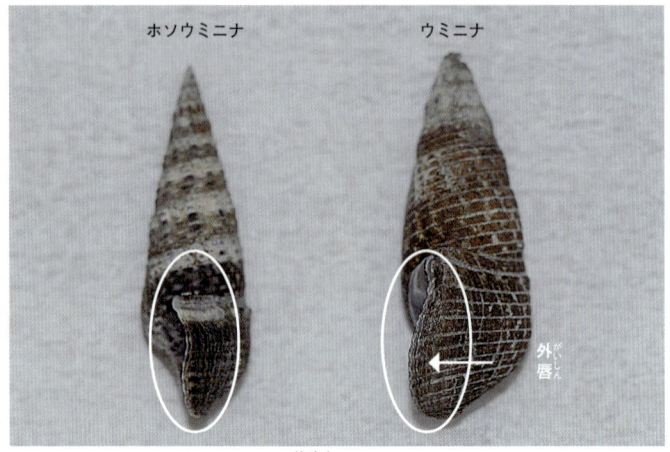

ウミニナは外唇の張り出しが強い

フトヘナタリ 太甲香

学名：*Cerithidea rhizophorarum*
殻高：4 cm

干潟上部の砂質から泥質まで幅広く分布する代表的な巻貝です。6〜8月には交尾しているペアや、穴を掘り卵を産んでいるメスを観察することができます。干潟上の微細藻類（P.11）をエサにしています。

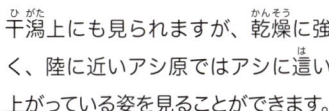

干潟上にも見られますが、乾燥に強く、陸に近いアシ原ではアシに這い上がっている姿を見ることができます。

ヘナタリ 甲香

学名：*Cerithidea cingulata*
殻高：3.5 cm

砂泥質干潟の中部から下部にかけて生息しており、高密度の集団で観察されます。成貝になると写真右端の個体のように殻の張り出しが強くなります。
彼らのエサも微細藻類(P.11)です。

巻貝

イボキサゴ 疣喜佐古

学名：*Umbonium moniliferum*
殻幅：2 cm

砂質の干潟に生息する巻貝です。貝殻の色はバラエティに富んで非常にきれいなことから、貝拾いを楽しむ子どもたちに人気です。アサリ(P.28)などと同じろ過食性で、水中のプランクトンを水ごと吸いこんで食べています。

ツメタガイ 津免多貝

学名：*Glossaulax didyma*
殻高：8 cm

砂質の干潟に生息する巻貝で、二枚貝を襲って食べます。殻頂付近に丸い穴があいた二枚貝の貝殻を見つけたら、それはツメタガイに食べられた証拠です。

酸を出して貝殻をやわらかくし、歯舌と呼ばれるヤスリのような歯で丸く削り取ってしまいます。

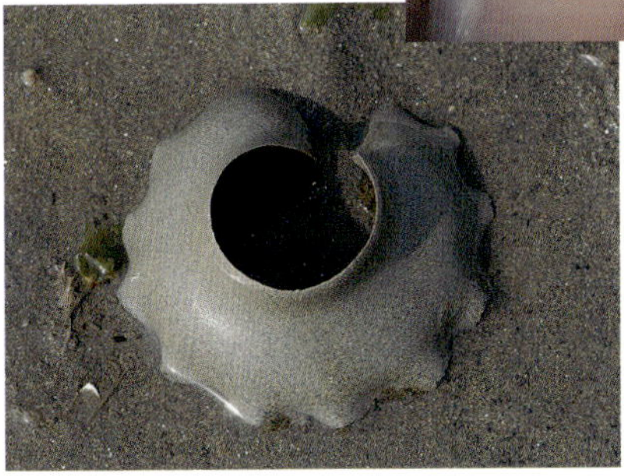

夏場に見られるツメタガイの卵塊は、その形状から「砂茶わん」と呼ばれています。

アラムシロ 粗筵

学名：*Reticunassa festiva*
殻高：2 cm

砂泥質の干潟に多く生息しています。普段は砂の中に身をひそめ、エサのにおいに反応して集まってきます。とくに生物の死体などを好み、死肉に集まる干潟の掃除屋さんです。

アカニシ 赤螺・赤辛螺

学名：*Rapana venosa*
殻高：15 cm

砂泥質の干潟に生息し、ツメタガイと同様、二枚貝を捕食します。
美味なため、食用としても人気があります。またアカニシの大きな貝殻は、かつてイイダコ漁のタコ壺としても用いられていました。

ホトトギスガイ 杜鵑貝

学名：*Musculista senhousia*
殻長：2 cm

干潟下部や潮下帯に生息し、集団を形成していることがあります。貝殻の模様がホトトギス（鳥）の胸の柄に似ていることからこの名が付きました。アサリ（P.28）と同じように水をろ過する能力が高い二枚貝であるため、干潟の水質浄化作用に大きくかかわっているといわれています。殻が薄く比較的やわらかいことから、水鳥などが好んで捕食しています。

クチバガイ 朽葉貝

学名：*Coecella chinensis*
殻長：2.5 cm

砂質の干潟上部に生息しています。ヒメシラトリ（P.32）に似ていますが、貝殻は黄土色あるいはオレンジ味があり、ヒメシラトリほど丸みがありません。

オチバガイ 落葉貝

学名：*Psammotaea virescens*
殻長：3 cm

同じ生息地であっても個体によって様々な殻の色が見られます。貝殻は薄く、殻高に対して殻長がかなり長いことが特徴です。

マテガイ 馬刀貝

二枚貝

学名：*Solen strictus*
殻長：12 cm

砂泥質の干潟に見られ、垂直に穴を掘って生息しています。印鑑ケースのような特殊な形をしていますが、れっきとした二枚貝です。干潟で捕まえるには、巣穴に塩を入れてやると勢いよく飛び出てきます。食用です。

アカマテガイ 赤馬刀貝

学名：*Solen gordonis*
殻長：12 cm

マテガイよりもいくぶん殻高が高く、貝殻に赤味の柄があります。水深が数10 mの海域で漁獲されている種で、干潟としては、陸から離れた「洲」などに多く、マテガイよりも塩分が高い環境で観察されることが多いです。

カガミガイ 鏡貝

学名：*Phacosoma japonicum*
殻長：6 cm

貝殻を手に持って開くと手鏡のような真っ白の丸い二枚貝です。砂浜や干潟でも観察されますが、水深が数10 mくらいのいくぶん深い海底に多く生息しています。

二枚貝

アサリ 浅蜊

学名：*Ruditapes philippinarum*
殻長：3 cm

比較的汚れた干潟で最も普通に見られる二枚貝です。貝殻の色柄はバラエティーに富み、よく観察してみると左右の色柄パターンはまったく同じです。水のろ過能力が高いため干潟の水質浄化作用に大きくかかわっており（P.90）、また潮干狩りの主役でもあります。私たちにとって非常に重要で身近な生き物ですね。

ピンノ 隠蟹

学名：*Pinnotheres* sp.　甲幅：4 mm

アサリのみそ汁を食べているときによく目にする小さなカニはピンノという寄生ガニ（カクレガニ）です。

シオフキ 潮吹

学名：*Mactra veneriformis*
殻長：4 cm

比較的きれいな砂質の干潟に生息しています。殻頂が太くでっぱり、貝殻の表面はすべすべです。食用としてお店にならぶことはほとんどありませんが、おいしい貝です。

オニアサリ 鬼浅蜊

学名：*Protothaca jedoensis*
殻長：3 cm

アサリよりも丸みと厚みがあり、肋の溝がはっきりしています。やや深い場所に生息しているため干潟で見つかることはまれです。アサリよりもおいしいといわれています。

バカガイ 馬鹿貝

学名：*Mactra chinensis*
殻長：8 cm

比較的きれいな砂質の干潟に生息しています。貝殻はうす茶色でつるつる、大きさのわりに殻が薄いのが特徴です。
食用としても人気で、関東ではアオヤギと呼ばれて売られています。

ハマグリ 蛤・浜栗

学名：*Meretrix lusoria*
殻長：9 cm

アサリ（P.28）と比べると生息数がずっと少なく、現在は高級食材として扱われるハマグリですが、かつてはハマグリの方が主役でした。古くから人々の生活に深くかかわっており、瀬戸内地方の貝塚からはたくさんのハマグリが出土するそうです。現在、海がきれいになってきたことで生息数も増加傾向にあります。アサリよりもきれいな砂質を好みます。

オキシジミ 沖蜆

学名：*Cyclina sinensis*
殻長：5 cm

潮干狩りをしていると、アサリと一緒に見つかりますが、アサリよりも少し深いところに潜っています。汽水域に生息するシジミ科のヤマトシジミに形は似ていますが、オキシジミはマルスダレガイ科の異なる種類でヤマトシジミよりずっと大きな貝です。シジミと名が付いていますが、あまりおいしくありません。

二枚貝

アケガイ 朱貝

学名：*Paphia vernicosa*
殻長：8 cm

貝殻は全体的に赤味を帯び赤茶色の斑が入っています。殻高に対して殻長が長いのも特徴です。本来は水深が数10mのやや深い海底に生息しています。干潟で観察されることはまれで、沖合にできた「洲」などに見られます。

サルボウガイ 猿頬貝

学名：*Scapharca kagoshimensis*
殻長：7 cm

砂泥質の干潟に生息しています。肉の色がサルのほおのように赤いことからこの名が付いています。全体的に厚みがあって丸く、貝殻表面には32本程度の肋があります。近縁種のアカガイはさらに大きく、肋が約42本あることで区別できます。

ヒメシラトリ 姫白鳥

学名：*Macoma incongrua*
殻長：2.5 cm

砂泥質の干潟に生息する傾向があります。貝殻は薄く縁辺部は灰茶色です。殻頂周辺がピンクあるいはオレンジ味を帯びることで他のシラトリガイ類と区別できます。

サビシラトリ 錆白鳥

学名：*Macoma contaculata*
殻長：5 cm

砂泥質の干潟に生息しています。ヒメシラトリに似ていますが、殻高はより高く、貝殻の縁辺部分に数本の黒線模様が入る傾向があります。
また殻頂付近や貝殻の裏には錆色が見られます。

オオノガイ 大野貝

学名：*Mya arenaria oonogai*
殻長：10 cm

泥質を好みます。殻高に比べ殻長が長く、真っ白の貝殻に黒の泥模様をつけています。水管は食用になり立派ですが、逆に足が貧弱で、掘り返されると自分でもう一度泥に潜ることができません。

タイラギ 玉珧

学名：*Atrina pectinata*
殻長：30 cm

干潟のような浅い海から水深30 m程度の深さまで生息し、海底表面に突き刺さるように口を開けていることから、立貝（たちがい）とも呼ばれています。
貝柱が玉のように丸く白いことから玉珧（タイラギ）と名が付きました。貝柱は非常に美味で、様々な料理に用いられます。

二枚貝

フレリトゲアメフラシ 棘雨降

学名：*Bursatella leachii*
体長：5 cm

アメフラシの仲間の多くが岩礁域で観察されるのに対し、干潟のような砂泥質の場を好むアメフラシです。

一見、グロテスクですが、青く輝く紋様が非常にきれいです。

アメフラシ（雨降）は刺激されたり外敵に襲われると、体から紫や濃い茶色の液体を出します。煙幕のように水中に広がると、まるで雨雲がたちこめてきたようになります。

モズミヨコエビ 横海老

甲殻類

学名：*Amphithoe valida*
体長：1.5 cm

ヨコ"エビ"という名前がついていますが、いわゆるエビとは異なる小さな甲殻類で、ここにあげたモズミヨコエビ以外にもたくさんの種類があります。
泥の中や石の下、あるいはアオサ（P.13）などの海藻にひそんでいて植物プランクトン（P.11）などを食べて生活しています。小魚たちの重要なエサにもなっています。

生息している場所によって体色が大きく変わります。

アオサ群落から見つかる個体は緑色。保護色ですね。

甲殻類

クルマエビ 車海老

学名：*Marsupenaeus japonicus*
体長：25 cm

砂泥質の潮間帯から水深 20 m 程度までの浅い場所（浅海域）に生息しています。昼間は泥の中に潜っており、夜間に行動します。
現在は数が減ってしまいましたが、非常に美味で高級食材です。

エビジャコ 海老蝦蛄

学名：*Crangon affinis*
体長：3 cm

砂泥質の潮間帯からある程度水深のある浅海域に生息しています。透明感のある小型のエビですが、生息している場所によって、周りの色調に合わせた保護色をしています。

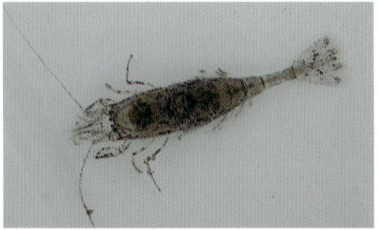

テッポウエビ 鉄砲海老

学名：*Alpheus brevicritatus*
体長：5 cm

砂泥質の干潟に生息しています。片方の手が非常に大きく、威嚇のためか、驚くとパチンパチンという音を鳴らす姿が観察できます。

ニホンスナモグリ 日本砂潜

学名：*Nihonotrypaea japonica*
体長：5 cm

比較的きれいな砂質干潟に生息し、釣りエサとして重宝されています。テッポウエビと同様に片方の手が非常に大きく、体は半透明から白色です。数10 cmの深さまで複雑な穴を掘って暮らしています。

甲殻類

アナジャコ 穴蝦蛄

学名：*Upogebia major*
体長：9 cm

砂泥質ないし泥質の干潟に数10cm～1mの巣穴を掘って生息しています（p.91）。足を使って巣穴の中に海水を引き込み、水中の有機物をこしとって食べています。筆を使った「アナジャコ釣り」は有名で、巣穴に差し込んだ筆をアナジャコが入り口まで押し出してきたところを捕まえます。

ユビナガホンヤドカリ 指長本宿借

学名：*Pagurus minutus*
体長：2 cm

瀬戸内の干潟で一番簡単に見つかるヤドカリです。アラムシロ、ウミニナ、ホソウミニナ、フトヘナタリ、イボキサゴなど、干潟に生息するほとんどの小型巻貝の空き殻を利用しています。

足の先がとくに長いのが特徴です。

ガザミ 蝤蛑

学名：*Portunus trituberculatus*
甲幅：20 cm

後ろ足がヒレ状で遊泳能力が高く、満潮時に潮の流れにのって干潟へ侵入してきます。干潮時には潮溜まりなどに取り残されていたり、砂の中に潜っている個体がいます。ワタリガニとも呼ばれ、瀬戸内圏では食用蟹として最も食卓に上がるカニです。

ヒレ状

スナガニ 砂蟹

学名：*Ocypode stimpsoni*
甲幅：3 cm

きれいな砂浜の上部に深さ30 cm以上の穴を掘り、砂上の有機物や藻類を食べて暮らす非常に足の速いカニです。陸の生活に適応しているため、水中に入れておくと溺れて死んでしまいます。

甲殻類

瀬戸内圏の干潟生物ハンドブック

スナガニの捕まえ方

① 砂浜に直径2〜3cmくらいの穴が開いていたらスナガニの巣穴の可能性大！

② 周りにある表面の砂、なるべく白く乾いたサラサラの砂を巣穴に流し込みます。

③ 巣穴が埋まるまで流し込んだら…
（すぐに埋まってしまったら、空き巣かも？）

④ すぐ下の砂は湿気があって暗い色をしているので、巣穴の形に流し込んだ砂が見つかるはずです。

⑤ 流し込んだ砂を目印に掘っていきます。

⑥ 埋まっていたカキ殻などで手を切らないように、ドンドン掘って…

⑦ 30cm以上は掘り進む覚悟でがんばりましょう! 流し込んだ砂が途切れたら… 残念でした。

⑧ さらにドンドン掘って、もうダメかとあきらめかけたころに、何か動いたような?

⑨ いた!

⑩ がんばって掘ったかいがありました!

マメコブシガニ 豆拳蟹

学名：*Philyra pisum*
甲幅：2 cm

砂泥質の干潟上を徘徊している姿がよく観察されます。円形の甲羅をもち、握ったこぶしに形が似ていることからこの名前が付きました。夏の繁殖期にはオスがメスを抱えてガードしている姿が見られます。

キンセンガニ 金銭蟹

学名：*Ashtoret lunaris*
甲幅：7 cm

きれいな砂質干潟に生息しています。白く丸い甲羅に赤茶色の斑点がびっしり入っています。砂の中へ非常に速く潜り、また後ろ足がヒレ状になっていて水をかくことができるため、遊泳能力もあります。

シオマネキ 潮招

学名：*Uca arcuata*
甲幅：3.5 cm

オス

メス

軟泥質の干潟上部に巣穴を掘って生息するカニです。繁殖期（6〜7月）の干潮時にはオスが大きなハサミを振るウェイビングを見ることができます。
この動作が潮を招いているように見えることからシオマネキの名が付きました。チムニーと呼ばれる煙突状の巣穴を作り、9〜10月には5 mm以下の稚ガニが観察できます。
現在、個体数が非常に減少しています。

甲殻類

オスの片方のハサミがとても大きくなります。

ハクセンシオマネキ 白扇潮招

甲殻類

学名：*Uca lactea*
甲幅：2 cm

シオマネキと比べると硬めの泥質、砂質の干潟に生息し、群れをつくります。繁殖期（6〜8月）には白いハサミを集団で大きく振っていることからよく目立ちます。シオマネキ（P.43）を含め、オスの大きなハサミは個体によって右利き、左利きがあります。シオマネキより2まわりほど小型です。

オス

メス

コメツキガニ 米搗蟹

学名：*Scopimera globosa*
甲幅：1 cm

繁殖期には伸びあがるようなダンスが観察できます。

比較的きれいな砂質干潟に生息する小さなカニです。巣穴周辺には摂食後の砂ダンゴが放射線状に並べられています。生息している場所の砂の色にあわせて体色・柄が異なります。

甲殻類

チゴガニ 稚児蟹

学名：*Ilyoplax pusilla*
甲幅：1 cm

比較的軟泥質の干潟に密集して生息している小型のカニです。

繁殖期のオスは頭部から腹部にかけてあざやかな青緑色を呈し、白い両手を振り上げてリズミカルにウェイビングします。

瀬戸内圏の干潟生物ハンドブック

ヤマトオサガニ 大和筬蟹

甲殻類

学名：*Macrophthalmus japonicus*
甲幅：4 cm

水分の多い軟泥質の環境を好みます。

上空を天敵の鳥が横切ると、すぐに巣穴に逃げ込むか、長い目だけを出してじっとしています。

夏の繁殖期にはオスが両手を振り上げるダンス（ウェイビング）をします。

オサガニ 筬蟹

学名：*Macrophthalmus abbreviatus*
甲幅：3.5 cm

左ページのヤマトオサガニとよく似ていますが、ヤマトオサガニが軟泥質の環境を好むのに対し、オサガニは砂質の干潟で観察されます。
甲長に対して甲幅が長く、ヤマトオサガニと比べると甲羅がいくぶん細長く見えます。体色はあずき色または紫色を帯び、ハサミの下指は湾曲しています。

オサガニ 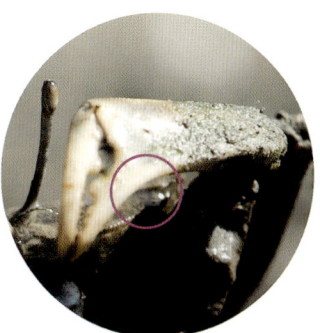　　　　　ヤマトオサガニ

甲殻類

瀬戸内圏の干潟生物ハンドブック

甲殻類

モクズガニ 藻屑蟹

学名：*Eriocheir japonicus*
甲幅：5 cm

本来は淡水域に生息していますが、産卵期には川を下ってきた個体、春には川を上っていく卵からかえった若い個体を干潟上で見ることができます。中華料理で有名な上海ガニはモクズガニと同じ仲間のシナモクズガニです。

ハサミのごう毛が特徴です。

ケフサイソガニ 毛房磯蟹

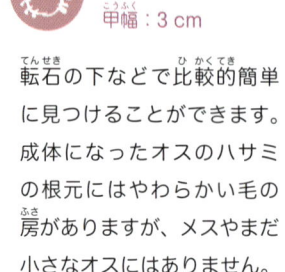

学名：*Hemigrapsus penicillatus*
甲幅：3 cm

転石の下などで比較的簡単に見つけることができます。成体になったオスのハサミの根元にはやわらかい毛の房がありますが、メスやまだ小さなオスにはありません。

毛の房

ハマガニ 浜蟹

学名：*Chasmagnathus convexus*
甲幅：5 cm

形態はアシハラガニ (P.50) によく似ていますが、アシハラガニとちがって甲羅全体に丸みがあります。甲羅は紫色がかり、非常にきれいな（中型の）カニです。

大きなハサミで威嚇する姿は非常に迫力がありますが、アシを食べる草食性です。陸の近くに巣穴を作り、夜行性で昼間は巣穴にいることが多いことから、見つけるのがむずかしいカニです。

イソガニ 磯蟹

学名：*Hemigrapsus sanguineus*
甲幅：3 cm

転石や磯を好むカニで、甲羅には赤紫の斑模様があります。
干潟上に転がる大きな石をもち上げてみるとたいてい見つけることができます。

アシハラガニ 葦原蟹

学名 : *Helice tridens*
甲幅 : 4 cm

名前通りアシ原周辺の軟泥質の干潟上部に斜め状の横穴を掘って生活しています。甲羅は全体的に灰色で模様はなく、縁が黄色味を帯びます。
雑食性で、干潮時にはエサを求めて放浪し、他のカニも襲って食べます。

クシテガニ 櫛手蟹

学名 : *Parasesarma plicatum*
甲幅 : 2.5 cm

河口域のアシ原周辺でとくに観察される雑食性のカニです。ハサミの上部には小さな顆粒がたくさんあり、ハサミ全体がオレンジ色で、とくに先端が濃い赤色です。

アカテガニ 赤手蟹

学名：*Chiromantes haematochir*
甲幅：3.5 cm

手（ハサミ）が赤いだけでなく、甲羅の上半面まで赤い個体もたくさん見ることができます。海辺に生息するカニの中では最も陸上生活に適応した種で、干潟では冠水しないアシ原の周辺や土手などでもよく観察されます。
産卵期（夏）の大潮時には集団でお腹に抱えた稚ガニを波にのせて放つ（放仔）姿が観察されます。

クロベンケイガニ 黒弁慶蟹

学名：*Chiromantes dehaaini*
甲幅：3.5 cm

アカテガニと同様に陸上生活に適応した種です。全体的に茶色味を帯びた濃い灰色で、大きくなると紫色を帯びてきます。

甲殻類

瀬戸内圏の干潟生物ハンドブック

捕まえたカニはオス？それともメス？

まずはハサミの大きさを見てください。干潟で見つかるカニの中にはオスの方が大きなハサミをもっているものがいます。しかしこれだけではわからない種類もたくさんいます。そんなときは、お腹を見てください。メスはお腹のほぼ全面を甲が覆っていますが、オスはその甲がずっと細いのがわかります。

↑ オス
↑↑ メス
ヤマトオサガニ（P.46）

オス　メス
モクズガニ（P.48）
メスは卵を腹に抱えやすいように幅広くなっています。

生きた化石 −カブトガニ−

カブトガニは2億年ほど前からほとんど姿を変えずに生き抜いてきた、生きた化石と呼ばれる生き物です。カニという名前がついていますが、じつはクモの仲間であることがわかっています。

以前は瀬戸内海の全域や九州にも普通に見られましたが、現在繁殖が確認されているのは福岡県北九州市、大分県中津干潟、山口県山口湾、岡山県笠岡地区など、ごく一部に限られています。

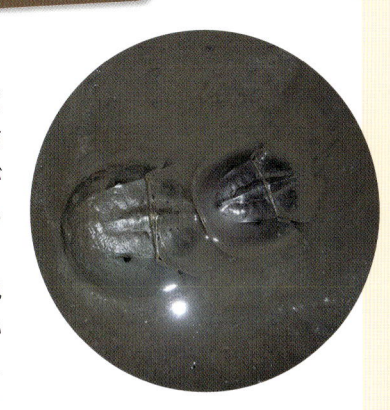

つがいのメス（前）とオス（後ろ）
タイ王国にて撮影。

カブトガニが生息できる環境がたくさん残されている東南アジアでは、人間が食用としています。食べるところはほとんどなく、体につまった卵を食べるのですが、風味はサザエのつぼ焼きにそっくりでした。

東南アジアに生息するカブトガニは日本のカブトガニと形はそっくりですが、種類がちがいます。

53

磯の生物

　前浜干潟の周囲には、海岸地形によって磯がすぐ近くにある場合もあります。磯も潮の干満によって水没と干出をくり返す環境にあり、その意味では干潟と似ています。
　ただし、波をかぶったり、岩や石の間を海水が強く流れますから、磯では岩などに強く張り付いた付着生物と呼ばれる生き物が多く見られます。

タマキビ 玉黍

学名：*Littorina brevicula*
殻高：1.5 cm

乾燥に非常に強く、むしろ水を嫌う巻貝です。満潮時にも冠水しない磯の上部に集団で生息しています。

アラレタマキビ 霰玉黍

学名：*Nodilittorina radiata*
殻高：0.8 cm

タマキビと同様に、乾燥に強く、満潮時にも潮がとどかない磯の上部に生息しています。螺肋と呼ばれる部分に顆粒があるのが特徴です。

螺肋の顆粒がよくわかる個体

イシダタミ 石畳

学名：*Monodonta labio*
殻高：2 cm

名前の通り、貝殻が石畳模様になっています。磯の転石部に多く見られ、生息する環境によって貝殻の色が異なります。
巻貝の中では這うスピードが速い方です。

スガイ 酢貝

学名：*Turbo coronatus coreensis*
殻高：2 cm

サザエのように石灰質のフタをもっていて、これを酢（酸）に入れるとフタが回りながら溶ける様子からこの名が付いたそうです。貝殻の表面にはカイゴロモというビロード状の藻類が生えている場合が多いです。

磯の生物

イボニシ 疣螺

学名：*Thais clavigera*
殻高：3 cm

名前の通り、大きなイボがいくつも付いたような貝殻をもっています。乾燥を嫌い、岩場のすきまなどに群れています。二枚貝やフジツボの表面に穴を開けて食べる肉食性の巻貝です。
夏の産卵期には集団になり卵を産んでいる姿が見られます。

磯の生物

マツバガイ 松葉貝

学名：*Cellana nigrolineata*
殻長：7 cm

笠をかぶった青紫色のきれいな貝（笠貝類）で、非常に強い吸着力をもっています。日本に生息するカサガイ類の中でも大きくなる種です。

瀬戸内圏の干潟生物ハンドブック

ヒザラガイ 膝皿貝

学名：*Acanthopleura japonica*
体長：6 cm

体を丸めた状態が人の膝のように見えることからこの名が付きましたが、岩場にしっかり密着していて、なかなか剥がし取ることができません。岩表面に付着している藻類などを食べています。
貝類の中でも原始的な仲間です。

カメノテ 亀の手

学名：*Capitulum mitella*
体長：5 cm

カメの手に形が非常に似ており、岩場の割れ目などに群生しています。満潮になると蔓脚と呼ばれるフサフサとした脚を広げて海水中のプランクトンを捕まえて食べています。塩ゆでなどで食べると美味ですが、大きくなるまで時間がかかります。右ページのフジツボと同じく甲殻類（エビ・カニ）の仲間です。

水中で捕食する様子

シロスジフジツボ 白筋藤壺（富士壺）

学名：*Fistulobalanus albicostatus*
直径：1 cm

内湾の潮間帯で一般に観察されるフジツボで、護岸壁やテトラポットなどにも見られます。濃い青紫色の地に明瞭な白筋の肋をもっているのが特徴です。
冠水すると蔓脚を出して、水中のプランクトンなどを食べています。

磯の生物

クロフジツボ 黒藤壺（富士壺）

学名：*Tetraclita japonica*
直径：3 cm

外洋から湾口部に面する潮間帯に生息するフジツボです。
他のフジツボ類と比べて背が高く大型です。

干潟生態系の頂点
魚・鳥

　干潟は魚介類の産卵の場、幼稚魚の成育の場といわれるように、多くの魚介類が干潟域で育ち、成魚もエサを求めて干潟にやってきます。また、干潟に生息する底生生物や魚を狙って、シギ・チドリ類、ガン・カモ類、猛禽類といった鳥たちが干潟を訪れます。人間もそうですね。

トビハゼ 跳鯊

学名：*Periophthalmus modestus*
全長：10 cm

泥っぽい干潟に生息する目が大きく突き出したハゼの仲間です。干潟や水の上をピョンピョン飛び跳ね、小動物を捕食しています。水に浸かるのを好まず、満潮時には陸に這い上がり皮膚呼吸をしています。
好奇心が強く、じっとしていると、人にも近寄ってきます。

魚類

マハゼ 真鯊

学名：*Acanthogobius flavimanus*
全長：25 cm

河口干潟では秋になると手のひらサイズのマハゼがたくさん釣れます。天ぷらにするとおいしいですね。

瀬戸内圏の干潟生物ハンドブック

マコガレイ 真子鰈

学名：*Pleuronectes yokohamae*
全長：40 cm

左ヒラメに右カレイ。腹（腹びれ）を下に置いて、左に顔があるのがヒラメ、右にあるのがカレイです。ハゼやコチもそうですが、砂の上にいるカレイは保護色になっていてまったく見つけられません。

腹びれ

マゴチ 真鯒

学名：*Platycephalus* sp.
全長：70 cm

成長すると 70 cm ほどになる魚食性のコチです。幼魚の時に干潟で生息しています。

クロダイ 黒鯛

学名：*Acanthopagrus schlegelii*
全長：50 cm

成魚では50 cmほどになり、干潟では幼魚はもちろん、かなり大きくなった個体まで観察できます。干潟ではエビや小型のカニを主なエサにしています。

スズキ 鱸

学名：*Lateolabrax japonicus*
全長：80 cm

幼魚期には海水と淡水が混じる汽水域を好んで生息し、河口のかなり上流部まで分布します。成魚も汽水を好む傾向があり、幼魚期だけでなく餌場として干潟を利用しています。

ボラ 鯔・鰡

学名：*Mugil cephalus cephalus*
全長：60 cm

満潮時の干潟に大きく長い魚が泳いでいたら、たいていはこのボラで、水面をジャンプする姿がよく観察されます。満ち潮とともに干潟域に入り、泥の中の微細藻類（P.11）や小型の生物を食べています。干潟では 10 cm 以下の幼魚から 50 cm を超える成魚まで観察できます。

クサフグ 草河豚

学名：*Takifugu niphobles*
全長：15 cm

浅海域に広く分布しており、草色の背中に小さな白い紋模様が特徴の小型のフグです。初夏から夏の大潮時に、波打ち際で集団産卵するフグとして有名です。非常に強い毒をもっており、釣り人にはエサ取りとして嫌われています。

コサギ 小鷺

学名：*Egretta garzetta*
全長：60 cm

留鳥＊として全国各地の湖沼、河川、河口域に生息しています。干潟では小型生物や小魚を盛んに捕食しています。一般にはシラサギと呼ばれていますが、シラサギはコサギ、チュウサギ、ダイサギの総称です。チュウサギは内陸性で干潟に現れることはありません。

＊一年中、同じ場所に生息する鳥を留鳥と呼びます。

ダイサギ 大鷺

学名：*Egretta alba*
全長：90 cm

繁殖期

西日本では留鳥として全国各地の湖沼、河川、河口域に生息しています。コサギにくらべてずっと大きく、くちばしが全体に黄色いことが特徴です。ただし、繁殖期（春～初夏）には目元があざやかな青緑色になり、くちばしも真っ黒になります。干潟では小型生物や小魚を盛んに捕食しています。

鳥類

瀬戸内圏の干潟生物ハンドブック　65

アオサギ 青鷺

学名：*Ardea cinerea*
全長：90 cm

主に留鳥として全国各地の水田、池、河川、干潟などに生息しています。国内のサギ類の中では最大級で、干潟ではとくに魚類を好んで捕食しています。

カワウ 川鵜

学名：*Phalacrocorax carbo*
全長：80 cm

留鳥として全国各地の湖沼、河川、河口、沿岸域に生息しています。繁殖期には大規模なコロニー（集団生活を営む場所）を形成します。干潟の満潮時には魚を狙って盛んに潜水していますが、水中では驚くほど速いスピードで魚を追いかけています。

鳥類

ヒドリガモ 緋鳥鴨

学名：*Anas penelope*
全長：50 cm

冬鳥*として全国各地の湖沼、河川、河口、海岸に渡来します。オスの頭部はオレンジ色で頭頂はクリーム色であることが特徴です。海藻(草)を好む草食性で、干潟ではとくにアオサ（P.13）を食べる姿が観察できます。

＊冬の間だけ日本で過ごす（越冬）鳥を冬鳥と呼びます。

オナガガモ 尾長鴨

学名：*Anas acuta*
全長：55〜75 cm

冬鳥として全国各地の湖沼、河川、河口、海岸に渡来します。オスは全体に青白色で、名前の通り黒く長い尾をもっています。雑食性ですが、干潟では表泥に生息する小型生物を捕食しており、ホトトギスガイ（P.25）などの殻のやわらかい二枚貝をとくに好んで食べています。

鳥類

瀬戸内圏の干潟生物ハンドブック

マガモ 真鴨

学名：*Anas platyrhynchos*
全長：60 cm

冬鳥として全国各地の湖沼、河川、河口、海岸に渡来します。オスの頭部は光沢のある緑色で「青首」とも呼ばれます。雑食性で干潟では海藻類や小型生物を食べています。

カルガモ 軽鴨

学名：*Anas poecilorhyncha*
全長：60 cm

一部の留鳥を除き、冬鳥として全国各地の湖沼、河川、河口、海岸に渡来します。オス・メスとも同色。雑食性で、干潟では海藻類や小型生物を食べています。

鳥類

ユリカモメ 百合鴎

学名：*Larus ridibundus*
全長：40 cm

冬鳥として全国各地の湖沼、河川、河口、海岸に渡来します。冬の使者として有名な都鳥（みやこどり）とはこのユリカモメのことです。干潟では小型生物を捕食しています。

ズグロカモメ 頭黒鴎

学名：*Larus saundersi*
全長：35 cm

世界に 8,000 羽程度しかいない希少種で、日本では冬鳥として主に西日本の干潟や河口に渡来します。四国沿岸の干潟には毎年数羽～数 10 羽が、九州の一部にはさらに多くの個体が飛来しており、盛んにカニを捕食しています。上のユリカモメによく似ていますが、くちばしが太くて短く、黒いのが特徴です。

鳥類

セグロカモメ 背黒鴎

学名：*Larus argentatus*
全長：60 cm

冬鳥として全国各地の河口、海岸、沖合に渡来します。西日本の干潟に渡来するカモメ類の中では最も大型で、干潟では貝や魚を捕食しています。

シロチドリ 白千鳥

学名：*Charadrius alexandrinus*
全長：15 cm

春と秋に全国各地の海岸、干潟へ渡来する旅鳥*で、西日本では越冬する個体もいます。干潟の上を走り回り、ヨコエビや小型のカニ、ゴカイなどを捕食します。

*主に春と秋に日本へ一時的に立ち寄る鳥を旅鳥と呼びます。

ハマシギ 浜鴫

学名：*Calidris alpina*
全長：20 cm

春と秋に全国各地の河口、海岸、干潟へ渡来する旅鳥で、西日本では多くの個体が越冬しています。干潟表面の小生物や泥の中のゴカイを主に捕食しています。

チュウシャクシギ 中杓鴫

学名：*Numenius phaeopus*
全長：40 cm

春と秋に全国各地の河口、干潟へ渡来する旅鳥です。長いくちばしを泥の中に突き刺し、カニやゴカイを捕食します。チュウシャクシギの他に、さらに大型でくちばしの長いダイシャクシギも干潟に飛来します。

鳥類

瀬戸内圏の干潟生物ハンドブック

ミサゴ 鶚

学名：*Pandion haliaetus*
全長：60 cm

留鳥として全国各地の湖沼、河口、沿岸域に生息しています。上空から眼下に魚を見つけると、急降下して水中に飛び込み、捕獲します。干潟域ではボラ（P.64）などの大型魚類をわしづかみにして捕獲・飛び去る姿を観察できます。

鳥類

トビ 鳶

学名：*Milvus migrans*
全長：65 cm

留鳥として国内の様々な場所で見られます。他のワシ・タカ類のように生きたエサを襲って捕獲することは少なく、干潟でも魚や貝などの死体を上空から捜して食べる掃除屋さんです。

くちばし色々

チドリの仲間
小さく鋭いくちばしで、干潟の表面に生息している昆虫やヨコエビをついばむのに適しています。

シロチドリ

シギの仲間
くちばしが比較的短い種は、干潟表面の生物や、泥のすぐ下にいるゴカイなどを引っ張り出すのに適しており、くちばしが長い種は、泥の奥深くまでくちばしを差し込んで、巣穴の中に隠れているカニなどを探し出すのに適しています。

ハマシギ

チュウシャクシギ

カモの仲間
くちばしの先にいくほどへん平で、底の表面で広く浅くエサを探し出し、エサを口の中で洗って食べています。

カルガモ 　*セグロカモメ*

カモメの仲間
比較的短くしっかりしたくちばしで、貝やカニの身を器用にほぐしとって食べます。

ウやサギの仲間
水中の魚をはさみ捕るため、水の抵抗をなるべく小さくした長くてまっすぐなくちばしをもっています。くちばしから頭の後ろの方まで流線型です。

ダイサギ

カワウ

ワシ・タカの仲間
魚の肉などをひきちぎって食べられるよう、短くて太いかぎ爪のようなくちばしをもっています。

トビ

干潟を彩る
海浜植物

　海浜植物の多くは、もともと陸上に生育していた植物が、乾燥や高温に耐えられるよう適応・変化し、海の近くの海浜まで分布を広げてきた種で、独特の生態と植生が見られます。塩分に対する耐性ももち合わせ、非常に深くまで地下茎を伸ばして水分や養分を吸収しています。

コウボウムギ 弘法麦

学名：*Carex kobomugi*
花期：4月上旬ごろ

高さが10 cmほどで、砂浜に群生します。葉や茎は硬く、地下茎が砂中でつながっていることから、飛砂や砂の移動を防いでくれます。
弘法大師が砂浜につくった麦という名の由来がありますが、実は食べられません。

コウボウシバ 弘法芝

学名：*Carex pumila*
花期：4月ごろ

茎の近くに雄の穂、地面近くに雌の穂が付いています。葉は茎より長く伸び、地下茎を伸ばして増えます。

海浜植物

ハマアオスゲ 浜青菅

学名：*Carex fibrillosa*
花期：4〜6月ごろ

アオスゲの変種で、アオスゲより穂（ほ）が短く種子はすきまなくついています。葉や茎（くき）が硬（かた）く、地下茎（ちかけい）で増えます。

オニシバ 鬼芝

学名：*Zoysia macrostachya*
花期：5〜10月ごろ

砂浜（すなはま）に生える芝（しば）の仲間です。日差しが強くなったり乾燥（かんそう）してくると葉がくるりと巻きます。

海浜植物

ハマボウフウ 浜防風

学名：*Glehnia littoralis*
花期：5〜6月ごろ

高さ10〜30 cmで、夏に小さな白い五弁の花をたくさん咲かせます。同じセリ科で薬用として知られる「防風」とよく似ていることからこの名が付いています。実は赤く色を変えながら熟していきます。

ハマヒルガオ 浜昼顔

学名：*Calystegia soldanella*
花期：5〜6月ごろ

海岸に咲くヒルガオで、花は朝開いて夕方まで咲いています。茎は砂上を這って伸び、地下茎は節々から根と芽を出して増えます。

海浜植物

ハマダイコン 浜大根

学名：*Raphanus sativus*
花期：3～5月ごろ

ダイコンが野生化したものといわれています。根は太くならず、硬くて食用にはなりませんが、肥料を与えて栽培すると普通のダイコンになります。

ハマエンドウ 浜豌豆

学名：*Lathyrus japonicus*
花期：4～5月ごろ

エンドウは種子から栽培しますが、ハマエンドウは地下茎から芽生えます。エンドウのように数個の種子をつけますが、大きくはならず硬くて食べられません。

海浜植物

ハマニガナ 浜苦菜

学名：*Ixeris repens*
花期：4〜10月ごろ

砂の上に葉と花だけを出し、砂の中に白い地下茎が伸びて増えます。葉の形はいろいろあり決まった形をしていません。

カワラヨモギ 河原蓬

学名：*Artemisia capillaris*
花期：9〜10月ごろ

小さく目立たない花が茎の先にたくさんつきます。茎の下部は木のように硬くなっています。

海浜植物

ツルナ 蔓菜

学名：*Tetragonia tetragonoides*
花期：4〜10月ごろ

葉はやわらかく厚ぼったい。食用の野菜として栽培されることもあります。成長するとすぐに花が咲き、枯れるまで咲きつづけます。

オカヒジキ 陸鹿尾菜

学名：*Salsola komarovii*
花期：7〜8月ごろ

海藻のヒジキに似ていて栽培もされ、食用になります。若い芽は肉厚でやわらかいのですが、その後、葉はとげのように硬くなります。

海浜植物

ハマゴウ 浜香

学名：*Vitex rotundifolia*
花期：7～9月ごろ

夏に紫色の花をたくさんつけます。葉や実は香りが良く、かつてはすりつぶしてお香を作ったそうです。茎は砂上を這って長く伸び、節々から根を下ろしています。

スナビキソウ 砂引草

学名：*Messerschmidia sibirica*
花期：4～6月ごろ

葉や茎はやわらかい毛で覆われ、茎頂に星型の白い花をつけます。地下茎が砂中に長く伸びていることからこの名が付きました。

海浜植物

ハマナデシコ 浜撫子

学名：*Dianthus japonicus*
花期：5〜7月ごろ

フジナデシコの別称で、海岸沿いの崖や礫地に多く見られます。花は紅紫色で、茎の先にかたまって咲きます。

マンテマ

学名：*Silene gallica*
花期：4月下旬〜5月ごろ

ヨーロッパ原産の帰化植物。江戸時代末期に渡来し栽培していたものが野生化したものです。白色の花弁に大きな紅色の斑点があります。

海浜植物

コマツヨイグサ 小待宵草

学名：*Oenothera laciniata*
花期：5〜10月ごろ

北アメリカ原産の帰化植物。花は夕方から開いて朝方しぼみます。マツヨイグサの小型の植物で茎は根元から分岐し、砂の上を這い、上部は斜めに立ちます。

アツバスミレ 厚葉菫

学名：*Viola mandshurica*
花期：4〜5月上旬ごろ

スミレが葉を厚く、根を長くして海岸でも生きられるよう変化したものです。

海浜植物

干潟の食物連鎖

満潮の干潟

干潟の食物連鎖は、太陽の光エネルギーを受け取った微細藻類や海藻からはじまります。

これらの植物はゴカイや貝、カニなどに食べられ、さらに大きな生き物の命を支えます。

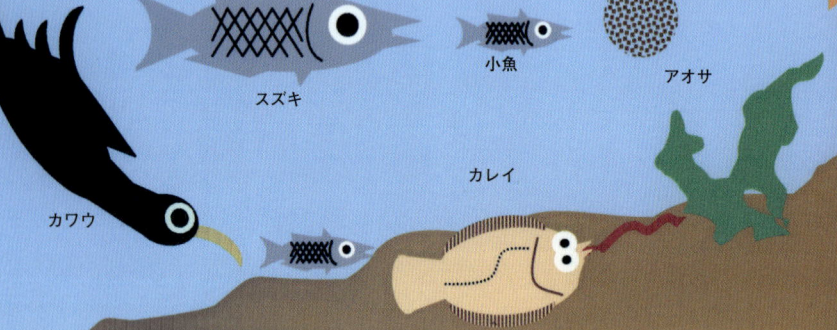

ミサゴ

動物プランクトン

スズキ

小魚

アオサ

カワウ

カレイ

干潮の干潟

鳥や私たちは、そうやってつながってきた食物連鎖の一番最後にいます。

ヒドリガモ

オナガガモ

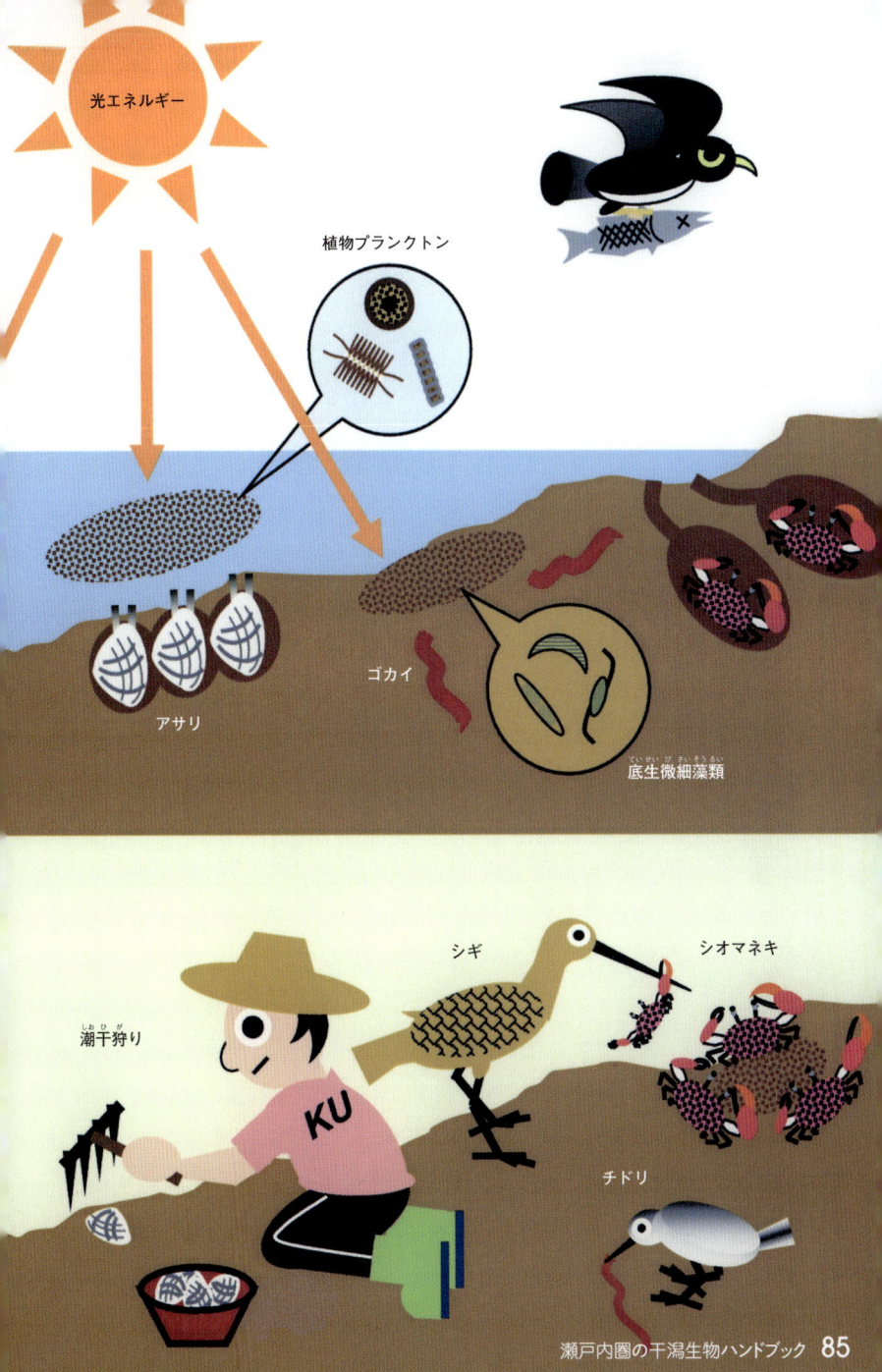

光エネルギー

植物プランクトン

アサリ

ゴカイ

底生微細藻類

潮干狩り

シギ

シオマネキ

チドリ

瀬戸内圏の干潟生物ハンドブック 85

干潟カレンダー

	1月	2月	3月	4月	5月	6月	7月	8月	9月	10月	11月	12月
微小生物（幼生）	動植物プランクトンと底生微細藻類は年間を通して生息しています											
											二枚貝の幼生	
											カニの幼生	
											フジツボ・ゴカイの幼生	
海藻・海草（繁茂期）									アマモ			
												アオサ
底生生物	底生生物は1年中生息していますが、大潮の干潮時間と生きものの元気度から、4～10月が観察に適しています											
							アサリがおいしい潮干狩りの時期					
							チゴガニやシオマネキなどのウェイビングが見られる時期					
魚類						カレイ						
								シギ・チドリ				
											トビハゼ	
											マハゼ	
											ボラ	
鳥類				カモ類								
				カモメ類								
					シギ・チドリ							
					サギ類・カワウ・ミヤコドリ							
								カモ類				
									カモメ類			
海浜植物（花期）					ハマダイコン							
					コウボウムギ							
					アツバスミレ							
					ハマエンドウ							
						マンテマ						
						スナビキソウ						
						ハマヒルガオ						
						ハマボウフウ						
							ハマナデシコ					
									ハマゴウ			
									コマツヨイグサ			

干潟の生物調査Ⅰ

干潟に生息する底生生物の種類と生物量を詳しく調べる方法です。

▶調査に必要なもの

長靴、軍手やバケツのほかに
- 一辺が 10 cm 程度のコア（容積がわかる枠）
- 一辺が 50 cm 程度の方形枠
- なるべく大きいスコップ
- 目合いが 1～2 mm 程度のふるい
- バット
- ピンセット

コアを埋め込み、スコップでコアごと掘り出します。

↓

近くの水際で泥をふるいます。網目にからまったゴカイなどもすべて採集してもち帰ります。

方形枠の中に入った生物をすべて採集します。

↓

種類ごとに分別し、一定容積・面積当たりの個体数を計数、あるいは重量を測定します。

瀬戸内圏の干潟生物ハンドブック

干潟の生物調査Ⅱ

前ページでは少し専門的な調査法を紹介しましたが、ここではゲーム感覚で干潟生物の豊かさや多様性を調べる調査法を紹介します。

得点	内在生物	表在生物
	10 cm 立方のコアで5回採取	50 cm 四方の方形枠で5回採取
10点	5回とも見つかる	
5点	2～4回見つかる	
3点	1回だけ見つかる	
2点	コア、方形枠には見つからない	
2点	数ヶ所を大きなスコップで掘ると見つかる	一点から見わたす、あるいは少し歩きながら探すと見つかる
1点	何ヶ所も掘ってみて、やっと見つかる	探し回って、やっと見つかる

＊調査は1時間程度を目安に行います

❶ 調査する干潟を代表する場を選びます。泥場や砂場、アシ原など、ちがった環境が同じような割合である干潟の場合は、それぞれの場所を調査します。

❷ 前ページを参考に、10 cm立方のコアと50 cm四方の方形枠で、各5回ずつサンプルを採取します。

❸ 左の表にそって、見つけた生物が、どれくらい簡単に見つかったかによって生物ごとに得点をつけます。
＊内在生物は、泥・砂の中に潜って生活している生物で、表在生物は干潟の砂・泥の上で生活している生物です。

❹ すべての生物について得点をつけ、何種類見つかったのか、また、合計点は何点になったのか計算します。

❺ 合計点が多いほど、その干潟に生息する生物の量も多いことになります。

例として、香川県の干潟で行った調査の結果を記しました。
新川・春日川河口干潟は栄養度が高い干潟、有明浜は遠浅のきれいな前浜干潟です。少し汚れた干潟の方が、たくさんの生物がいることがわかります。
皆さんが住んでいる近くの干潟と比べてみてください。

高松市 新川・春日川河口干潟 （16種50点）

得点	内在生物	表在生物	総得点
10点	ホトトギスガイ		10点
5点	ミズヒキゴカイ アサリ	ホソウミニナ アラムシロ ユビナガホンヤドカリ	25点
3点	マテガイ		3点
2点		ウミニナ マメコブシガニ ヤマトオサガニ	6点
1点	ツメタガイ、オキシジミ ヒメシラトリ テッポウエビ ヨコヤアナジャコ	コメツキガニ	6点
合計	9種	7種	50点

観音寺市有明浜 （11種15点）

得点	内在生物	表在生物	総得点
10点			0点
5点			0点
3点			0点
2点	マテガイ イボキサゴ	ユビナガホンヤドカリ スナガニ	8点
1点	オチバガイ、カガミガイ アサリ、バカガイ スジホシムシモドキ ニホンスナモグリ	コメツキガニ	7点
合計	8種	3種	15点

瀬戸内圏の干潟生物ハンドブック

実験
干潟の浄化作用
~アサリのろ過能力~

　食べておいしいアサリですが、実は干潟の浄化作用に大きな役割を果たしています。下の写真はアサリが入った水槽といない水槽を並べて、海水中を漂う粒子（この実験には植物プランクトンを使用）を同じ量ずつ加えた実験です。

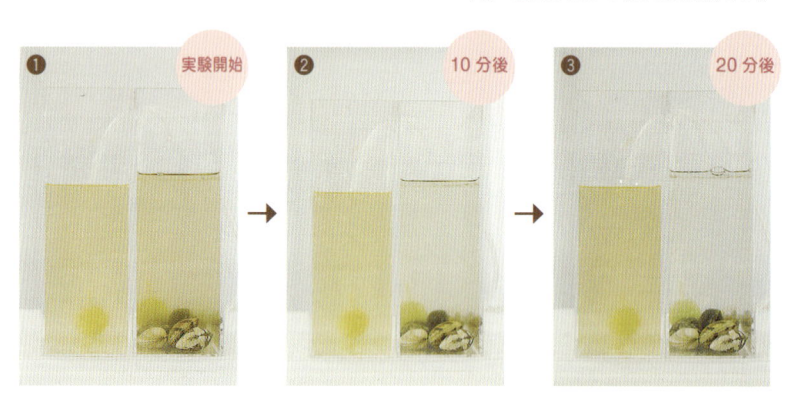

❶ 実験開始

❷ 10分後

❸ 20分後

❹ 30分後

　アサリがいる水槽では30分程度できれいな透明の海水になりました。アサリはろ過食者と呼ばれ、1個のアサリが1日にろ過する量は10リットル以上といわれています。

実験

生き物が潜る様子を見てみよう

デザート作りに使う粉末の寒天で干潟の泥を再現することができます。

作り方

❶ 水に1%程度の寒天を入れ、煮沸してよく溶かします。（例えば、水200ccに2gの寒天）

❷ これに同量の海水を加えます。海水がなければ、3%食塩水で代用します。

❸ 固まるまでじっくり待ちます。

固まった寒天の表面にゆっくり生き物を置きます。元気な生き物だったらすぐに潜り始めるはずです。色々な生き物についても試してみましょう。

ゴカイが潜る様子

アナジャコが潜る様子

瀬戸内圏の干潟生物ハンドブック

標本の作り方

干潟で採集した生き物を標本にする場合の代表的な方法として、液浸標本と乾燥標本があります。

液浸標本

ゴカイ・エビ・魚などの体がやわらかい生き物に向いており、いちばん簡単に作成できる標本です。

作り方
❶ 薬局で販売している消毒用のエタノール（70%エタノール）に採集した生き物を浸けておきます。
❷ 数日経ったら、再度新しいエタノールに換えます。
❸ フタがきっちりできるガラス瓶などに移しできあがりです。

＊ホルマリンに浸けた後に上記の処理をした方がよいのですが、ホルマリンは劇薬ですから、専門的に記録を残す以外はお勧めできません。

乾燥標本

カニなどの硬い甲羅をもっている生き物向けで、少々手間がかかりますが、リアルな標本ができあがります。ただし、時間が経つと生き物の体色はいくらか失われてしまいます。

作り方

❶ 採集した生き物を消毒用のエタノールに数日間浸けておきます。（生きたままエタノールに浸けると脚を自分で切ってしまうことが多いので、生体を一度凍結してから処理する方がのぞましい）

❷ エタノールから取り出し、発泡スチロールやダンボール上で、虫ピンを使って好みの姿勢に体型を整えます。（良い標本ができるかどうかは、この作業にかかっています）

❸ 完全に乾燥し、固まるまで待ってできあがりです。

❹ 好みのケースに除湿剤を入れて飾ってください。

＊標本には、種名、採集日、採集した場所を記録したラベルをかならず付けましょう。

瀬戸内圏の干潟生物ハンドブック　93

参考資料

海辺の生物、西村三郎・山本虎夫 (共著)、保育社
貝と水の生物 (野外観察図鑑 6)、旺文社
海域生物環境調査報告書、第 1 巻 干潟、環境庁 1994
原色日本大型甲殻類図鑑Ⅰ、保育社
原色日本大型甲殻類図鑑Ⅱ、保育社
魚と貝の事典、望月賢二 (監修)、柏書房
生物大図鑑 8　貝類、世界文化社
日本海岸動物図鑑Ⅰ、西村三郎 (編)、保育社
日本海洋プランクトン図鑑、保育社
日本近海産貝類図鑑、奥谷喬司 (編著)、東海大学出版会
日本の海藻、田中次郎 (解説)・中村庸夫 (写真)、平凡社
日本の野鳥 (山渓ハンディ図鑑 7)、山と渓谷社
日本の野鳥 590、平凡社
花と樹の事典、木村陽二郎 (監修)、柏書房
干潟生き物図鑑、三浦知之 (著)、南方新社
干潟ウォッチング フィールドガイド、市川市・東邦大学東京湾生態系研究センター (共編)、誠文堂新光社
干潟に棲む動物たち (ミニガイド No. 17)、大阪市立自然史博物館
干潟の自然 (第 27 回特別展)、大阪市立自然史博物館
干潟の図鑑、財団法人 日本自然保護協会 (編)、ポプラ社
干潟を考える 干潟を遊ぶ、大阪市立自然史博物館・大阪自然史センター (編著)、東海大学出版会

あとがき

　本書は、福武学術文化振興財団の助成を受け、公開講座用テキストとして作製した『干潟の生き物ハンドブック』を基本に加筆修正を施してできあがりました。また本書の出版に対し、日本海洋学会青い海助成事業より助成をいただきました。福武学術文化振興財団、日本海洋学会にまず感謝の意を表したいと思います。さらに、非売品であった『干潟の生き物ハンドブック』を出版したいと考えていた私たちに「出版のお手伝いをいたしましょう」とやさしくお声をかけてくださり、出版に際してご援助くださった鎌田醤油株式会社代表取締役社長鎌田郁雄さんに感謝いたします。また、本書出版のきっかけになったのは、『干潟の生き物ハンドブック』が完成して喜んでいた私たちに、「報道の人間としては、どんなに良いブックレットでも、書店に並んで誰でも手に入るようでなければ……」と話してくれたKSB瀬戸内海放送アナウンサーで報道記者の岡　薫さんの一言でした。岡さんの一言がなければ、本書は生まれなかったと思います。岡さんありがとう。干潟で一緒に生物を探し回った香川大学農学部海洋環境学研究室のスタッフと学生の皆さんに深く感謝します。また、香川県水産試験場の藤原宗弘さんにはアマモの写真を、NPO水辺に遊ぶ会の足利由紀子さんにはシオフキの写真を、盤洲干潟を守る会の田村　満さん、港湾空港技術研究所の桑江朝比呂博士、日本野鳥の会宮城県支部の杉元明日子さんにはシギ・チドリの貴重な写真を提供していただきました。この場をお借りしまして深く感謝いたします。最後に、私たちと心を同じくしながら、出版をまたずして病に倒れた香川大学瀬戸内圏研究センター技術職員の濱垣孝司さんに本書をささげます。

著者一同

■ 著者
一見和彦　香川大学瀬戸内圏研究センター 教授
　　　　　　庵治マリンステーション
多田邦尚　香川大学農学部 教授
　　　　　　瀬戸内圏研究センター長
大田直友　阿南工業高等専門学校
　　　　　　創造技術工学科 准教授
河井　崇　琉球大学理学部 研究員
吉田一代　香川の水辺を考える会 代表
滝川祐子　香川大学農学部 技術補佐員

瀬戸内圏の干潟生物ハンドブック

香川大学瀬戸内圏研究センター庵治マリンステーション　編

2011年2月18日　初版1刷発行
2019年6月20日　　　4刷発行

発行者　　　片岡　一成
印刷・製本　株式会社シナノ
発行所　　　株式会社恒星社厚生閣
　　　　　　〒160-0008　東京都新宿区四谷三栄町 3-14
　　　　　　TEL　03（3359）7371（代）
　　　　　　FAX　03（3359）7375
　　　　　　http://www.kouseisha.com/

ISBN978-4-7699-1239-2 C0040
©Kagawa University, Seto Inland Sea Regional Research Center Aji Marine Station, 2011
（定価はカバーに表示）

JCOPY ＜(社)出版者著作権管理機構 委託出版物＞

本書の無断複写は著作権法上での例外を除き禁じられています。複写される場合は、そのつど事前に、(社) 出版者著作権管理機構（電話 03-3513-6969、FAX 03-3513-6979、e-mail: info@jcopy.or.jp）の許諾を得てください。